Angelika Kipp

Drüber & drunter

Themenketten aus Tonkarton

frechverlag

Von der bekannten Autorin Angelika Kipp sind im frechverlag zahlreiche andere Titel mit fröhlichen Bastelideen erschienen.
Hier eine Auswahl:

TOPP 2164

TOPP 2146

TOPP 2072

TOPP 2191

TOPP 2193

TOPP 1921

Zeichnungen: Berthold Kipp

Fotos: frechverlag GmbH + Co. Druck KG, 70499 Stuttgart; Fotostudio Ullrich & Co., Renningen

Auflage: 5. 4. 3. 2. 1. | Letzte Zahlen
Jahr: 2001 2000 1999 98 97 | maßgebend

frechverlag GmbH + Co. Druck KG, 70499 Stuttgart

ISBN 3-7724-2211-X · Best.-Nr. 2211

Druck: frechverlag GmbH + Co. Druck KG, 70499 Stuttgart

Viele fröhliche Tonkarton-Motive und drüber und drunter auch noch welche ...

– das werden Sie hier finden! Zu unzähligen Themen,
fürs ganze Jahr und als Schmuck für alle Räume Ihrer Wohnung
sind diese Ensembles aus Tonkarton gedacht.
Mal bestehen sie aus einem Motiv in Farbvariationen,
mal sind's auch verschiedene Figuren,
aber alle Themenketten haben eines gemeinsam:
Drüber, drunter und in der Mitte
paßt alles zusammen!

Buntes Kinderspielzeug, lustige Bauernhoftiere,
kleine Lausbuben und fröhliche Clowns, verschneite Häuser,
Frühlingsszenen oder freche Mäuschen – Kinderzimmer, Küche
und Badezimmer lassen sich damit genauso hübsch schmücken
wie Wohnzimmer und Flur.
Und wenn ein kleines Mitbringsel für Taufe oder Hochzeit
gefragt ist, dann werden Sie hier ebenfalls fündig.
Sie müssen einfach immer noch einen
zusätzlichen Blick riskieren, nämlich

drüber und drunter!

Viel Spaß beim Basteln!
Ihre

Angelika Kipp

Arbeitsmaterial

- Tonkarton (in verschiedenen Farben erhältlich)
- Architekten- oder Transparentpapier
- Dünne Pappe
- Bleistift
- Radiergummi
- Filzstift in Schwarz
- Wackelaugen
- Schere
- Bastelmesser
- Schneideunterlage
- Kreisschablone
- Ellipsenschablone
- Kreisschneider
- Lineal
- Klebstoff, Locher
- Nadel und Faden oder alternativ Klebeband, Geschenkband oder Kordel

Tips und Tricks beim Basteln

Gestaltung des Motivs von der Vorder- und Rückseite

Freihängende Themenketten sollten sowohl von der Vorder- als auch von der Rückseite gearbeitet werden; hierzu benötigen Sie die meisten Teile in doppelter Ausführung. Die Teile werden auf der Rückseite nur spiegelverkehrt, aber in der gleichen Reihenfolge wie auf der Vorderseite angebracht.

Deckungsgleiches Kleben und Aufmalen

Die Rückseite sollte – vor allem bei hellem Tonkarton – absolut deckungsgleich geklebt und bemalt werden. Stellen Sie dazu die Vorderseite des Motivs komplett zusammen, dann drücken Sie die Bastelarbeit bei Tageslicht mit der bereits fertig gestalteten Seite gegen eine Fensterscheibe. Die nun durchscheinenden Kanten zeigen genau, wo die Teile und Linien auf der Rückseite deckungsgleich geklebt bzw. aufgemalt werden müssen.

Das Aufhängen

Es gibt verschiedene Möglichkeiten, die gezeigten Themenketten aufzuhängen. Sie können sich zwischen dem altbewährten Faden, einem Klebeband, einem Geschenkband oder einer dünnen Kordel entscheiden. Wenn Sie mit einem Faden arbeiten wollen, balancieren Sie die Motive zwischen Daumen und Zeigefinger aus, bis Sie die richtige Stelle gefunden haben. Mit einer Nadel stechen Sie dann einige Millimeter vom Rand entfernt in den Tonkarton und ziehen den Faden durch.

Schritt für Schritt erklärt

1. Legen Sie Architekten- oder Transparentpapier auf das ausgewählte Motiv auf dem Vorlagenbogen, und übertragen Sie mit einem Bleistift oder einem schwarzen Filzstift alle benötigten Einzelteile ohne Überschneidungen.

2. Kleben Sie das bemalte Transparentpapier auf eine dünne Pappe, und schneiden Sie die Einzelteile heraus. Fertig sind die Schablonen! Dann arbeiten Sie die Tonkartonteile, indem Sie die Schablonen einfach auf Tonkarton der gewünschten Farbe legen, mit einem Bleistift umfahren und dann die einzelnen Teile sorgfältig ausschneiden.

3. Zeichnen Sie die Gesichter, alle schwarz markierten Stellen und Innenlinien auf. Fügen Sie die Einzelteile zu dem gewünschten Motiv zusammen – das Foto und die Vorlage geben jeweils Positionierungshilfen.

Ein Dorf im Winter

Eine hübsche Dekoration bei eisig kaltem Winterwetter!

Für alle drei Motive gilt:

Alle Dächer dieses Dorfes sind mit einer weißen Schneedecke überzogen.

Zeichnen Sie zuerst an jeder Tür die Türklinke und das Schlüsselloch auf.

Dann bekommen die Häuser ihre Tür und die Fenster sowie die weiße Grundfläche; selbst auf dem Schornstein liegt eine dicke Schicht Schnee.

Brr!

Kleine Lausbuben

Dreimal nett und frech ...!

Für alle drei Motive gilt:

Zeichnen Sie zuerst das Gesicht und die Innenlinien auf.

Fixieren Sie dann jeweils das Hand- und das Schuhpaar unter dem entsprechenden Kleidungsstück, nur bei dem sitzenden Jungen werden die Schuhe von vorne ergänzt.

Fügen Sie nun die Kleidungsstücke zusammen. Bei dem Jungen, den Sie von hinten sehen, werden allerdings vorher noch die blauen Träger aufgesetzt; bei den beiden anderen Lausbuben fixieren Sie die Träger mit den entsprechenden Knöpfen.

Die Gesichter erhalten ihre Haare, und der fertige Kopf wird jeweils mit dem Körper verbunden. Daß Lausbuben so nett aussehen können ...!

Fahrzeugparade

Kunterbunte Fahrzeuge lassen die
Kinderherzen höher schlagen ...!

Flugzeug

Alle roten, gelben und grünen Einzelteile werden einfach nur auf die blaue Grundform geklebt.

Lokomotive

Auf der gelben Eisenbahnform fixieren Sie das rote und das grüne Kesselteil.
Dann ergänzen Sie die beiden Schornsteinabdeckungen, das Dach und die Fenster des Führerhauses.

Nun braucht die Lok noch ihre zweiteiligen Räder, und schon kann es losgehen!

Schiff

Ergänzen Sie das gelbe Schiffteil mit dem grünen Bullauge auf der roten Grundform.

Dann sind die Fenster und das grüne Schornsteinteil an der Reihe.
Und zum Schluß gibt's noch ein paar Wellen.

Hier fühlt man sich wohl!

Frühlingszeit, Blütenzeit, ... da fühlt man sich als Biene einfach wohl!

Blumen

Kleben Sie den Stengel und das Blüteninnere jeweils auf die Blüte.

Biene

Zeichnen Sie zuerst das Gesicht der freundlichen Biene auf, und ergänzen Sie dann die roten Fühlerteile von vorne.

Der Körper erhält ebenfalls von vorne sein schwarzes Muster und die Beinchen.

Zum Schluß gibt's nun noch die Flügel – einen von vorne, einen von hinten.

Den Kopf nicht vergessen!

Sum–sum!

Osterzeit

Damit der Osterhase auch zu Ihnen kommen kann, malen Sie bei den Motiven alle schwarz gekennzeichneten Flächen und die Innenlinien auf.

Eier

Die Eier werden einfach nur mit der zweiteiligen Schleife verziert.

Hase

Der Hase erhält sein Innenohr, das Schwänzchen, das Halsband, die rechte Vorderpfote und das Wackelauge (Ø 1,2 cm).

Alles fürs Baby

Was braucht man denn als Baby so?

Schnuller

Fügen Sie den dreiteiligen Schnuller zusammen, wobei der Ring von hinten und das Saugteil von vorne ergänzt wird.

Fläschchen

Zeichnen Sie die Innenlinie auf, dann wird das gelbe Saugteil auf der Flasche fixiert.

Schlaf, Kindchen, schlaf …

In solch hübschen Wiegen schläft es sich herrlich!

Für alle drei Motive gilt:

Das Motiv für die neuen Erdenbürger wird jeweils in einem Stück aus Tonkarton ausgeschnitten.

Drei lustige Clowns

Dieses Trio scheint wirklich guter Dinge zu sein.

Für alle drei Motive gilt:

Zeichnen Sie die Augen, den Mund und alle Innenlinien (siehe Vorlagenbogen) auf. Das Gesicht bekommt die Nase und wird auf den Haaren befestigt.

Kleben Sie die Hände unter die Ärmel, die bei den beiden oberen Clowns auch noch auf dem Anzug plaziert werden müssen.

Die Schuhe werden unter dem Anzug, der Kragen und der Kopf werden darauf fixiert.

Und dann gibt's noch kunterbunte Knöpfe, und die Welt sieht schon wieder ein bißchen fröhlicher aus!

Alle meine Entchen

Ein hübsches Motiv für das Küchenfenster!

Für alle drei Motive gilt:

Die Entchen erhalten den Schnabel, das Wackelauge (Ø 1,4 cm) und das Beinpaar – ein Bein von vorne, eines von hinten.

Damit das Federvieh besonders hübsch ist, binden Sie den dreien jeweils auch noch die zweiteilige Schleife um.

Wenn die Hochzeits-glocken läuten

Ein kleines Mitbringsel für das Brautpaar:
die Taube, das Herz und die Ringe als Symbole für Liebe und Treue.

Für alle Motive gilt:

Die Teile sind in einem Stück ausgeschnitten, der Taube wird einfach nur das Auge aufgemalt.

Jonglier-Künste

Mit solch kunterbunten Bällen läßt es sich herrlich jonglieren!

Für alle drei Motive gilt:

Kleben Sie zuerst die Muster auf die einzelnen Ballformen.

Zeichnen Sie dann bei den begabten Akrobaten das Auge, die Nase und alle Innenlinien auf.

Plazieren Sie die Bälle an dem entsprechenden Körperteil, und fixieren Sie zum Schluß noch die Flossen.

Urlaub am Meer

Bei diesen kunterbunten Motiven werden
die Erinnerungen an den letzten Urlaub
am Meer wieder wach!

Segelschiff

Das Segelschiff erhält seinen Masten mit den hinterklebten Segeln und der Fahne; ein Segel ist noch mit einem gelben Muster dekoriert.

Eimer

Fixieren Sie zunächst alle blauen Teile auf der roten Form. Dann sind das gelbe Innenteil und die zwei Kreise an der Reihe.

Schaufel

Zunächst zeichnen Sie die Innenlinie auf der gelben Schaufel auf. Montieren Sie den zweiteiligen Schaufelstiel, und fixieren Sie ihn an der Schaufel.

Ball

Kleben Sie die bunten Einzelteile des Balles auf die rote Grundform, wobei der hellblaue Kreis die Stoßkanten verdeckt.

Tiere auf dem Bauernhof

Die Tiere dieses Hofes sind
sichtlich gut zufrieden!

Für alle drei Motive gilt:

Zeichnen Sie die schwarz markierten
Stellen sowie die Innenlinien auf.

Kuh

Der Körper der Kuh wird mit den schwarzen Flecken,
mit der Schwanzquaste, den Hörnern, den Hufen,
den Innenohren und dem Maulteil dekoriert.
Mit den Wackelaugen (Ø 1 cm)
schaut sie doch recht lustig drein, oder?

Schwein

Auf dem Kopfteil des wohlgenährten Tieres finden das
Schnauzenteil sowie die Wackelaugen (Ø 1 cm) ihren Platz.
Befestigen Sie das Kopfteil am Körper.

Schäfchen

Auf dem Kopf wird das rosa Gesichtsteil mit den
Wackelaugen (Ø 0,7 cm) ergänzt;
fügen Sie dann die Körperteile zusammen.

Frisches Gemüse

Dieses Gemüse bleibt in Ihrer Küche lange frisch!

Pilze

Die Pilze bestehen jeweils aus Kappe und Stengel, die einfach nur aufeinandergeklebt werden.

Paprika

Bei den Paprikaschoten werden die Innenlinien aufgemalt und die grünen Stengel ergänzt.

Reife Früchtchen

Wenn man diese reifen Früchte sieht, bekommt man so richtig Appetit.

Apfel

Die Blüte wird aufgemalt, der Stiel mit dem Blatt aufgeklebt, und schon ist der Apfel reif.

Birne

Bei der Birne wird die Blüte ebenfalls aufgemalt. Hängen Sie die Frucht an den Stiel, an dem noch ein Blatt wächst.

Kirschen

Die prallen Früchte werden an den Stielen befestigt; die Blätter sind von vorne ergänzt.

Marmeladen-Zeit

Sommerzeit ist Erntezeit – selbstgemachte Marmelade steht dann hoch im Kurs!

Für alle drei Motive gilt:

Zeichnen Sie alle schwarz markierten Stellen sowie die Innenlinien auf.

Binden Sie jedes Glas mit einem bunten Tuch zu; die kleinen Punkte sind übrigens mit Hilfe eines Lochers ausgestanzt.

Beschriften Sie noch die aufgeklebten Etiketten.

Zähneputzen nicht vergessen!

Einmal morgens, einmal abends, und vielleicht auch mal zwischendurch ...!

Zähne

Die Zähne erhalten ihr freundliches Gesicht, das einfach nur aufgemalt wird.

Zahnbürste mit Becher

Fügen Sie erst einmal die beiden Becherteile zusammen.

Wenn die Innenlinien aufgemalt sind, wird die Bürste zusammengeklebt und in den Becher gestellt.

Herbstzeit

Dies ist die Zeit, wo die Igel sich gern unter dem frisch gefallenen Herbstlaub verstecken.

Für alle Motive gilt:

Zeichnen Sie die schwarz markierten Stellen sowie die Innenlinien auf.

Blätter

Sie bestehen jeweils aus einem Teil.

Igel

Die Igel bekommen einfach nur ihr Stachelkleid aufgeklebt.

Es regnet

Bei Regenwetter sind Schirme stark gefragt, und natürlich gibt es sie mit den unterschiedlichsten Mustern.

Für alle drei Motive gilt:

Je nach Wunsch dekorieren Sie die Grundform dieser Schirme, nachdem Sie bei Bedarf die Innenlinien aufgemalt haben.

Der Schirmstock, dessen Spitze jeweils über den Schirm hinausragt, wird von hinten gegengeklebt.

Käse-Leckereien

Solche Mäuse sind in Ihrer Küche doch gerngesehene Gäste, oder?

Für alle drei Motive gilt:

Zeichnen Sie die Innenlinien und die Nasen auf.

Jeder Kopf erhält das zweiteilige Ohr und das Wackelauge (Ø 1,4 cm).

Fixieren Sie die Hemdchen der Mäusejungen und das dreiteilige Röckchen des Mädchens auf dem jeweiligen Körper.

Jede Maus hält einen mit Löchern dekorierten Käse in der Pfote.

Fügen Sie zum Schluß noch das Kopfteil an den Körper, und nun kann das Festmahl in Ihrer Küche beginnen.

Laterne, Laterne!

Allmählich werden die Abende dunkler, und die Kinder ziehen mit ihren Laternen durch die Straßen.

Laternen in Rot

Mit den gelben Streifen wird die rote Grundform dekoriert.

Mondlaterne

Der Mond bekommt sein Auge aufgezeichnet, der Mund ist aufgeklebt.

Nun brauchen alle Laternen nur noch ihren Laternenstock, und schon können die Laternenlieder gesungen werden!

Nun kann der Nikolaus kommen!

In der Weihnachtszeit wird die Wohnung hübsch dekoriert!

Nikoläuse

Geben Sie dem Trio die Augen und alle Innenlinien. Das Gesichtsteil mit der Nase wird hinter den großen Bart geklebt, der zweiteilige Schnurrbart darauf.

Das Kopfteil sowie die weißen Mantelfelle und der Pompon werden von vorne ergänzt.

Sterne

Sie bestehen einfach nur aus einem Stück gelbem Tonkarton.

Ein Schneemann-Trio

Diesen Männern in Weiß kann die Kälte nichts anhaben!

Für alle drei Motive gilt:

Die Grundform des Schneemanns ist für alle gleich.

Zeichnen Sie die Augen und alle Innenlinien (siehe Vorlagenbogen) auf.

Jeder Schneemann erhält seine Nase und eine Kopfbedeckung, wobei die Mützen aus einem Stück sind, der Hut jedoch aus zwei Teilen gearbeitet ist.

Binden Sie dem jeweiligen Gesellen das Tuch, den Schal oder die zweiteilige Krawatte um.

Der Besen wird aus drei Teilen zusammengefügt und den weißen Männern jeweils in die rechte Hand gedrückt.